RAPPORT GÉNÉRAL

SUR

LES DIFFÉRENTS TRAVAUX

I.

DU COMITÉ DÉPARTEMENTAL

DU CHER

De secours aux soldats et à leurs familles.

II.

DU COMITÉ SECTIONNAIRE

A BOURGES

De la Société de secours aux blessés militaires.

BOURGES

TYPOGRAPHIE, STÉRÉOTYPIE ET LITHOGRAPHIE E. PIGELET.

—

1871.

RAPPORT GÉNÉRAL

SUR

LES DIFFÉRENTS TRAVAUX

1

DU COMITÉ DÉPARTEMENTAL DU CHER

De secours aux soldats et à leurs familles

2

DU COMITÉ SECTIONNAIRE A BOURGES

De la Société de secours aux blessés militaires

MESSIEURS.

Le Comité départemental du Cher de secours aux soldats et à leurs familles et le Comité sectionnaire à Bourges de secours aux blessés militaire, dont vous avez accepté la direction, pour contribuer au soulagement des défenseurs de notre chère patrie dans la funeste guerre qu'elle vient de subir, ayant à peu près terminé leurs opérations, j'ai pensé qu'il était utile de résumer leurs travaux. Ce résumé, constatant tout ce que vous avez fait pour atteindre le but proposé à votre zèle et à votre dévouement, fera apprécier les services rendus par les deux Comités aux soldats et à leurs familles.

Quoiqu'administrés ensemble par vous, les deux Comités sont néanmoins restés divisés et pour leur gestion, portant sur des objets tout-à-fait distincts, et pour leur comptabilité, dont les recettes et les dépenses avaient des causes différentes. Aussi m'a-t-il paru convenable, après avoir rendu compte, dans le rapport général, de ce qui a trait à l'un et à l'autre des Comités, d'exposer, dans un paragraphe spécial à chacun d'eux, tout ce qui a constitué ses opérations particulières. De cette manière, les recettes et les dépenses afférentes à chaque Comité seront connues, d'une part, et, d'autre part, en les réunissant, on verra l'importance des travaux auxquels vous vous êtes livrés pour les deux Comités.

Nous devons d'abord, Messieurs, dire la constitution des deux Comités et faire les observations générales qui les concernent.

§ I.

CONSTITUTION DES COMITÉS.

Lorsque la guerre avec l'Allemagne a été déclarée, en juillet 1870, le gouvernement a compris qu'elle entraînerait nécessairement des pertes plus ou moins grandes dans les armées appelées à défendre notre patrie. Par suite des blessures ou des morts de nos soldats, il y aurait des secours considérables à donner soit aux soldats eux-mêmes blessés, soit à leurs familles, au cas de décès qui les priverait de leurs soutiens. Différents crédits ont donc été successivement proposés aux Chambres et votés par elles jusqu'à la somme de 50 millions. Une Commission a été constituée à Paris pour la répartition des secours entre les départements, et des Comités par département ont dû être formés pour la distribution entre les soldats ou leurs familles qui auraient droit aux secours.

C'est le 11 août 1870 *que le Comité départemental du Cher,* institué par M. le Préfet, a été installé par lui. Ce Comité, composé de trente-trois membres (1), a formé immédiatement son bureau comme il suit :

Président.....	MM.	CHÉNON, alors Maire de Bourges ✳;
Vice-Président.		DES MÉLOIZES, Conservateur des Forêts, O ✳;
Trésorier.....		DELÉPINE, Trésorier-Payeur général;
Secrétaires...		ANCILLON, Avocat;
		FOURNIER, Avocat.

Il a ensuite fixé les bases des secours à donner, soit en déterminant les catégories de familles auxquelles des secours, plus ou moins considérables, seraient accordés, soit en fixant l'importance des secours pour chaque catégorie.

Comme l'examen des demandes qui seraient présentées ne pourrait pas être fait par tous les membres du Comité, en raison des détails qu'entraî-

(1) Voir l'annexe A.

nerait cet examen, il a chargé de ce travail son bureau auquel il adjoint trois de ses membres :

MM. Pautre, Notaire honoraire;

Boin, Président de chambre à la Cour d'appel ❋;

Manceron, ancien Président du Tribunal de commerce ❋.

Cette Commission s'est mise de suite avec zèle à l'œuvre. Nous dirons bientôt comment elle a fonctionné, lorsque nous résumerons spécialement les travaux du Comité départemental de secours aux familles. Nous devons parler auparavant du *Comité sectionnaire de secours aux blessés.*

Après les désastres de Sédan, le théâtre de la guerre changea malheureusement pour notre patrie, il se rapprocha de la capitale et même du centre de la France. La Société de secours aux blessés des armées de terre et de mer, constituée en France le 14 juillet 1865, en exécution de la convention internationale passée à Genève le 22 mars 1864, se mit aussitôt en mesure d'accomplir son œuvre charitable dans les nouvelles localités où les besoins allaient se faire sentir pour les blessés et les malades. Sans doute, en 1865, elle n'avait pas pensé que dans un temps aussi prochain, ce serait au cœur de la France qu'elle aurait à exercer son dévouement

Dans les derniers jours de septembre 1870, M. le comte Melchior de Vogüé, délégué pour la région du Centre-Nord, cru devoir s'occuper d'établir à Bourges *un Comité sectionnaire de la Société.* Il pensa que la Commission, chargée par le Comité départemental de la distribution des secours aux familles des soldats, qui était en fonctions depuis le 11 août, pouvait lui prêter un concours utile. Il s'adressa au Président de la Commission qui, approuvant la proposition de M. de Vogüé, s'empressa de réunir ses collègues, en le priant de venir à la séance exposer lui-même ce qu'il y aurait à faire, pour atteindre le but d'une manière satisfaisante. Après avoir entendu ses explications, tous les membres de la commission acceptèrent avec empressement la nouvelle mission confiée à leur zèle par la Société : persuadés que cette seconde œuvre, jointe à la première, nonseulement ne nuirait pas à celle-ci; mais qu'au contraire, en s'occupant des deux à la fois, la commisaion serait mieux à même d'apprécier les besoins des militaires blessés et ceux de leur famille, et, par conséquent, de faire participer plus sûrement les uns et les autres aux souscriptions, faites dans le but de les secourir tous. Monsieur le préfet du Cher, auquel j'eus l'honneur de communiquer la proposition de M. le comte de Vogüé, en fit la même appréciation; il ne vit dans l'accomplissement de notre double mission qu'un moyen plus sûr pour la commission du Comité départemental de faire une bonne distribution des secours.

C'est par un acte du 1ᵉʳ octobre 1870 que M. le comte de Vogüé, en vertu des pouvoirs à lui délégués, déclara affiliée à la Société de secours aux blessés des armées de terre et de mer, sous le titre de *Comité sectionnaire*, la commission du Comité départemental composée comme ci-dessus, par

MM. CHÉNON, ancien Maire, Président,
DES MÉLOIZES, Vice-Président,
DELÉPINE, Trésorier,
PAULTRE, BOIN et MANCERON, Membres,
ANCILLON et FOURNIER, Secrétaires,

et de M. DE BONNAULT-VILLEMENARD, Membre du Comité départemental et Vice-Président de la Commission administrative des Hospices de Bourges, adjoint de concert avec M. DE VOGUÉ, pour mieux assurer le service.

Une fois constitué, le Comité sectionnaire s'est mis sans retard en fonctions. Nous rendrons compte de ses opérations dans un résumé spécial, après celui concernant les travaux du comité départemental, qui ont commencé les premiers (1).

§ II.

SECOURS DONNÉS PAR LE COMITÉ DÉPARTEMENTAL.

Les secours devant être distribués en se conformant aux bases déterminées par le Comité départemental, c'est-à-dire, en prenant en considération les besoins des demandeurs et les catégories de familles auxquelles ils appartiennent, la commission a dû prendre tous les renseignements nécessaires pour l'éclairer. Elle a fait imprimer un modèle de certificat individuel posant des questions destinées à faire connaître le soldat, sa famille, et les ressources de celle-ci. Des exemplaires de ce certificat ont été envoyés aux maires de toutes les communes du département, avec une circulaire invitant à répondre aux questions et à donner les renseignements les plus complets. Ce sont ces certificats adressés au Comité directement, ou par l'intermédiaire de M. le Préfet, qui, arrivés successivement depuis le mois de septembre jusques et y compris le mois de février, ont constitué les demandes soumises à la commission. Leur examen a employé de nombreuses séances, quelquefois plusieurs par semaine.

Ces demandes ont été au nombre de 1,612. Après une instruction et de

1) Voir l'annexe A².

plus amples renseignements sur plusieurs d'entre elles, 241 ont été rejetées et 1,371 ont été admises. Les secours ont été donnés pendant six mois, septembre, octobre, novembre, décembre 1870, janvier et février 1871.

Sur les 1,371 familles admises, 181 ont reçu un secours ; 78 ont reçu deux secours ; 29 ont reçu 3 secours ; 149 en ont reçu 4 ; 43 en ont touché 5, et 891 en ont reçu 6.

46 familles ont reçu des secours de 5 à 10 francs ; 721, des secours de 10 francs ; 471, des secours de 15 francs ; 111, des secours de 20 francs ; et 72 des secours de 25 francs.

Pour faire face à ces dépenses, la commission a eu à sa disposition des fonds provenant de deux sources distinctes.

RECETTES

1° **Fonds provenant de l'État.**

Il y a eu plusieurs allocations faites par M. le Ministre de l'Intérieur au Comité départemental sur le crédit de 50 millions ouvert pour venir au secours des soldats et de leurs familles.

1° Le 13 août 1870 ont été remis à M. le Trésorier du Comité la somme de 5,000 francs, annoncée par M. le Préfet, dans la séance du 11 août...................... .... 5,000 fr.

2° Le 16 du même mois, il a été remis............... 22,000

3° Le 14 novembre 1870, sur la demande de la Commission, il a été alloué........................ 10,000

4° Le 31 janvier 1871, sur un autre demande de la commission... 15,000

5° Et enfin, le 3 mars, sur un autre demande........... 10,000

Total.... 62,000

2° **Fonds provenant des souscriptions.**

Ces fonds ont été divisés en deux catégories. Dans la première ont été mises les souscriptions recueillies aux mairies des diverses communes du département, notamment à celle de Bourges ; celles reçues aux bureaux des journaux et par différents particuliers. Toutes ces souscriptions, versées chez M. le Trésorier payeur-général, avant le 11 août, s'élevaient à 29,168 francs Il les avait adressées à la Trésorerie générale à Paris. Le Comité départemental, appréciant les vœux exprimés par les souscripteurs, a pensé

que les deux tiers de cette somme devaient être remis à la Société internationale de Secours aux blessés à Paris, pour être employés spécialement à
ces secours et que l'autre tiers devait revenir au Comité départemental pour
les Secours aux familles des soldats. M. le Ministre adoptant cette répartition, a fait remettre au Trésorier de notre Comité la somme de   9,722 65

La seconde catégorie des souscriptions a compris celles faites depuis le 11 août jusqu'au 31 décembre 1870. Elles ont été
de 23,826 fr. 56.

Le Comité départemental a été réuni en assemblée générale
en présence de M. le Préfet, le 9 janvier 1871 pour entendre
le compte-rendu de la gestion depuis le mois d'août jusqu'au
31 décembre 1870.

Le Président de la Commission donna tous les renseignements
constatant les opérations jusqu'à cette époque. Il fit, de plus,
connaître la nouvelle œuvre confiée à la Commission par M.
le comte de Vogüé pour les secours à donner aux blessés. Il
expliqua sommairement ce qu'avait fait le Comité sectionnaire
et la dépense qu'il avait dû effectuer. Il a demandé que, con-
formément à ce qui avait été décidé pour les premières souscriptions, on fit au Comité des blessés une semblable attribu-
tion sur les dernières souscriptions, destinées aux mêmes
secours.

Le Comité départemental donna son appprobation au com-
plément de l'œuvre de secours au blessés et à leurs familles,
dont s'était chargé sa Commission. En conséquence, appliquant la base posée dans la délibération du 11 août, il a décidé
que les 2/3 des 23,826 fr. 56, soit 15,817 fr. 68 seraient
attribués aux secours des blessés et que l'excédant resterait
pour les secours aux familles des soldats, soit............   8,008 85

Ce qui a fait pour toutes les souscriptions affectées au
Conseil départemental la somme.......................   17,731 50

Réunissant à cette somme les fonds fournis par l'Etat...   62,000 »

On voit que la Commission a eu sa disposition..........   79,731 50

DÉPENSES.

Ces bases de comptabilité établies, il ne reste, plus qu'a donner l'emploi
des recettes par l'énonciation des dépenses, qui ont eu lieu successivement

par mois, suivant l'importance des demandes admises. Comme les secours étaient payés sur des mandats envoyés par l'intermédiaire de M. le Trésorier payeur-général aux percepteurs des différents cantons du département et même à des percepteurs de cantons d'autres départements contigus au département du Cher, il est arrivé que les paiements par mois ne se sont pas opérés exactement. Aussi, lorsque au commencement de chaque mois, la Commission avait, en réponse à la demande de M. le Ministre, à lui faire connaître les besoins du mois qui commençait, elle ne pouvait indiquer qu'une somme approximative.

C'est par suite de cette ignorance des paiements effectués, que la Commission a supposé dans le tableau de la situation du Comité du 8 mars 1871, envoyé à M. le Ministre le 10 mars, qu'après le paiement des mandats, délivrés pour le mois de février, il y aurait sur les recettes de 79.731 fr. 50 c. un reliquat de 71 francs. Mais, dès le 11 mars, elle vit qu'il en serait bien autrement et qu'elle aurait un déficit à couvrir, qu'elle ne pouvait pas encore apprécier. En effet, elle eut à rembourser la somme de 1,720 francs pour des mandats de janvier et même des mois précédents. D'autres mandats arriérés ont été successivement envoyés, par les percepteurs jusqu'au 31 mai ; de sorte que, comme on le verra dans le compte ci-après, les recettes de 79,731 fr. 50 c. ont été insuffisantes de 3,696 fr. 40 c. pour tous ces mandats et ceux donnés aux personnes demeurant à Bourges.

En présence de ces remboursements inattendus, la Commission eût donc été dans l'impossibilité de combler ce déficit, si elle n'eût pas été en même temps le Comité sectionnaire de la Société de secours aux blessés. Mais, connaissant, par sa double mission, la position financière de chacun des deux Comités, elle a vu qu'elle pouvait reprendre, sur les 15,817 fr. 68 c., attribués aux blessés par la délibération du Conseil départemental du 9 janvier 1871, sur les dernières souscriptions. la somme de 3,696 fr. 40 c. nécessaire au paiement des mandats pour les secours aux familles.

Il a résulté de cette reprise de 3,696 fr. 40 par le Comité départemental qu'en définitive le Comité des blessés n'a eu sur les dernières souscriptions que la somme de 12.121 fr. 28 c.

Et qu'au contraire le Comité départemental, en joignant les 3,696 fr. 40 c. aux 17.731 fr. 50 c. qu'il avait déjà, provenant des souscriptions, a reçu au total, de ce chef... 21,427 90 c.

C'est avec cette somme réunie aux fonds de l'État..... 62.000 »
qu'ont été payées les dépenses faites pour les secours aux

familles, s'élevant ensemble à........................ 83,427 91

Le tableau des recettes et dépenses qui suit complète les renseignements utiles à la constatation de toutes les opérations faites par le Comité départemental. Ces opérations, comme on le voit, ont été importantes. Les secours distribués ont apporté beaucoup de soulagements à la situation des familles dont les soutiens étaient sous les drapeaux. Satisfaction a été donnée, autant que possible, à toutes les demandes jusqu'au 1er mars. La Commission n'a laissé aucune réclamation légitime sans le paiement d'un secours proportionné au besoin.

En envoyant à M. le Ministre, le 14 mai 1871, l'état de situation à cette époque, j'ai de nouveau insisté sur les demandes faites par beaucoup de familles de la continuation des secours. Un assez grand nombre de militaires n'étaient pas, en effet, rentrés chez eux au mois de mars; plusieurs ne l'étaient pas encore à la fin du mois de mai. D'autres sont revenus malades ou blessés, incapables de se livrer à aucun travail. Des secours étaient donc encore utiles.

M. le Ministre a bien voulu accorder une nouvelle somme de 6,000 francs; mais ce secours est donné dans des *conditions spéciales;* il ne peut pas rentrer dans ceux distribués par le Comité départemental avec les ressources mises à la disposition de la Commission jusqu'au mois de mars dernier pour les secours ordinaires. Il fera l'objet d'un paragraphe particulier à la fin de ce rapport.

TABLEAU

Des recettes et dépenses du Comité départemental.

1. RECETTES.

1° Sommes provenant de l'État, remises en cinq à-comptes les 13 et 16 août, 14 novembre 1870 et les 31 janvier et 3 mars 1871.. 62,000 »

2° Fonds provenant de souscriptions :

1. Le 1/3 des souscriptions antérieures au 11 août 1870............................. 9,722 65

A reporter.....	9,722 65	62,000 »

Report.....	9,722 65	62,000 »
2. Le 1/3 des souscriptions postérieures au 11 août..............................	8,008 85	
3. Reprise en mars et mois suivants sur les souscriptions attribuées au Comité des blessés..	3,696 40	
Total pour les souscriptions....	21,427 90	21,427 90
Total des recettes....		83,427 90

2. DÉPENSES.

1° Sommes payées au 31 décembre 1870 sur les mois de septembre, octobre, novembre et décembre...............	26,595 90
2° Sommes payées pour remboursement des mandats envoyés aux percepteurs depuis le 31 décembre 1870 et pour ceux envoyés avant cette époque, mais seulement rapportés après jusqu'au 14 mai 1870........................	52,502 »
3° Sommes payées directement à Bourges aux familles admises..............................	3,870 »
4° Mandats arriérés payés après le 14 mai.............	460 »
Total des dépenses....	83,427 90

3. BALANCE.

Les recettes ont été de.................	83,427 90
et les dépenses de somme égale...............	83,427 90
En moyenne, par mois, le 1/6 de la somme ci-dessus a été.	13,964 65
Il y a eu 1,371 familles admises; chacune a reçu, en moyenne.................................	60 84
Soit, en moyenne par mois, le 1/6.................	10 14

§ III.

TRAVAUX DU COMITÉ SECTIONNAIRE DE SECOURS AUX BLESSÉS MILITAIRES.

Les événements de la guerre se précipitant, l'urgence des secours à donner aux blessés devenait de jour en jour plus évidente. Aussi, sans perdre de temps, le Comité se mit à l'œuvre dès les premiers jours d'octobre.

Il commença par instituer un *comité de dames* pour avoir soin de la lingerie (1). Déjà de nombreux paquets de linge étaient recueillis de la préfecture, de la mairie de Bourges, et provenant de dons particuliers; d'autres étaient annoncés. Il fallait mettre ce linge en état, le trier, le préparer pour être distribué aux ambulances selon leur importance.

Ces ambulances ont été successivement organisées par les soins du Comité, au nombre de 21 (2), pour venir en aide à l'administration militaire; les hôpitaux devenaient insuffisants. La principale a été mise dans une partie des batiments de l'hôpital général. Sa situation près de la gare du chemin de fer l'a rendue très utile, tant pour les soins à donner de suite aux militaires blessés ou malades qui arrivaient à chaque instant par les trains, qu'en raison du nombre considérable de ses lits, dont une partie était toujours disponible pour donner la facilité d'évacuer le lendemain, dans les autres ambulances de la société ou de l'administration, les soldats dont l'état de santé ne permettait pas de faire ce transport le jour même de leur arrivée.

Pour compléter le service à la venue des trains, le Comité a établi, à la gare même, un poste de membres auxiliaires spécialement chargés, pendant le jour et pendant la nuit, de recevoir les blessés ou malades à la descente des wagons, de leur faire donner les soins urgents, des bouillons et des aliments, de les faire distribuer, en s'entendant avec M. l'Intendant militaire, dans les diverses ambulances ou hôpitaux. Ce service, qui demandait du dévouement et de l'assiduité, a été accepté avec empressement par trente-huit personnes (3), qui l'ont accompli, pendant tout le temps où il a été nécessaire, avec le zèle le plus louable et le plus constant. Je serai l'interprète du comité en leur exprimant ici tous ses remerciements.

Parmi les ambulances, plusieurs ont été tenues par des religieuses de différents ordres, et les autres par des particuliers. Dans toutes, les soins les plus assidus ont été prodigués aux militaires qui y ont été reçus, avec un grand dévouement. Partout on ne pensait qu'à leur donner du soulagement et à soutenir leur patience dans leur douloureuse position.

Les membres du Comité et les membres auxiliaires faisaient alternativement des visites dans ces différents établissements : tous ont apprécié leur

(1) Voir l'annexe **B**.
(2) Voir l'annexe **C**.
(3) Voir l'annexe **D**.

bonne tenue et ont recueilli les témoignages de reconnaissance des militaires. Aussi, est-ce avec une grande satisfaction que le Comité constate ces témoignages et exprime tous ses remerciements à toutes les personnes qui, dans les ambulances, ont concouru aux bons soins qui les ont mérités.

Pour que rien ne fût négligé, les membres du Comité se sont tous occupés ensemble de l'administration, sans la confier spécialement à quelques-uns d'entre eux constitués en bureau. Seulement, en se distribuant l'ouvrage, ils se sont fait aider par Messieurs les auxiliaires et par M. Mornet fils, nommé employé principal, résidant à l'ambulance de l'hôpital général. Ils ont eu de très fréquentes réunions, soit pour examiner les diverses questions intéressant les mesures à prendre pour assurer le service des blessés, leur distribution dans les ambulances et les soins à leur donner, soit pour l'administration des finances de la société.

Le Comité a eu de nombreuses relations avec le Comité international de Bâle, tant dans l'intérêt des soldats prisonniers en Allemagne, que pour ceux internés en Suisse. Les familles avaient des renseignements à demander ou de l'argent et des objets mobiliers à envoyer. Une correspondance presque journalière, dans les derniers temps surtout, a eu lieu. M. Ancillon, secrétaire du Comité, s'est chargé spécialement de ce service, pour lequel il a fait une note particulière, qui sera annexée à ce rapport (1).

A la fin de mars, le nombre des blessés ou malades avait beaucoup diminué. Les hôpitaux ordinaires pouvaient facilement les recevoir, le concours de la Société devenait inutile. Beaucoup des établissements où des particuliers qui dirigeaient les ambulances exprimaient le désir de les fermer pour reprendre la disposition de leurs bâtiments, dont ils avaient besoin. Je communiquai ce désir à M. l'Intendant ; et après s'être concerté avec lui, le Comité autorisa la clôture des ambulances, qui eut lieu le 31 mars : deux seulement ont continué pendant quelque temps à donner leur concours à l'administration, surtout l'Asile départemental, qui reçoit encore des militaires.

Nous ne nous sommes occupés, dans ce rapport, que des ambulances dirigées par le Comité, par le motif qu'elles seules sont entrées dans notre comptabilité.

Il y a eu à Bourges une autre ambulance, sise rue des Cordeliers, gérée par M. A. Dufour, dans laquelle il y a eu 27 lits. Elle a été visitée par les membres du Comité et par l'un des membres auxiliaires, qui ont reconnu sa bonne tenue. Mais son directeur a préféré avoir sa comptabilité particulière.

(1) Voir annexe E.

Quelques autres ambulances ont aussi existé temporairement dans la ville.

Dans le département, de nombreuses ambulances ont été établies dans diverses localités (1). J'ai eu de fréquentes relations par correspondance ou verbalement avec leurs directeurs, mais seulement pour différents renseignements et pour les brassards qu'ils ont demandés.

En ce qui concerne les brassards, je n'en ai donné qu'aux directeurs des ambulances, aux chirurgiens, pharmaciens, aux infirmiers et aumoniers, me conformant strictement aux conditions prescrites par les règlements. J'en ai délivré, tant à Bourges pour les hôpitaux et nos ambulances, que pour les ambulances dans le département, 86. Le port de ces insignes n'a eu lieu que dans les circonstances déterminées et je puis constater qu'il n'en a été fait aucun usage abusif.

En terminant les explications relatives aux ambulances, nous devons dire que Messieurs les Intendants ont apprécié les services que le Comité s'est efforcé de leur rendre, dans la tâche si lourde que le théâtre de la guerre, si rapproché de notre pays, a fait peser sur eux. Ils ont été obligés d'ajouter aux hôpitaux ordinaires des ambulances considérables (2). Notre ville a été constamment une des localités où les secours à donner aux militaires blessés ou malades ont été les plus urgents et les plus importants. Le Comité a fait ce qui a dépendu de lui pour alléger le fardeau. Dans le courant de l'hiver le Comité des dames a distribué aux ambulances de l'État, comme à celle du Comité, des chemises, ceintures et beaucoup d'autres objets (3).

Le compte rendu des recettes et dépenses va faire connaître l'importance des fonds que le Comité a eu à sa disposition et l'emploi qu'il en a fait. Il a eu, parmi les recettes, des sommes provenant de souscriptions recueillies par le Comité départemental, s'élevant, ainsi que nous l'avons expliqué en parlant de ce Comité, à la somme de 12,121 fr. 28 c. A cette somme il faut ajouter 1° quelques souscriptions encaissées par lui-même. 2° Les indemnités données par l'État, pour les journées des militaires dans les ambulances. Et 3° des subventions provenant de la Société de secours aux blessés.

Des dons en nature assez considérables, outre le linge, ont été faits et employés dans les ambulances (4).

Avec ces différentes ressources le Comité a pu satisfaire à toutes les dépenses utiles. Il a plusieurs fois envoyé aux majors des bataillons de nos

(1) Voir annexe F.
(2) Voir annexe F².
(3) Voir annexe G.
(4) Voir annexe H.

mobiles, qui étaient du côté de Gien, des instruments de chirurgie et des linges de pansement. Il a aussi aidé des majors de plusieurs bataillons de mobiles des autres départements, de passage à Bourges, en leur donnant quelques paquets de charpie et autres effets de pansement.

La dépense principale faite par le Comité a été, afin d'améliorer autant que possible la position des militaires reçus dans les ambulances de la Société, d'accorder aux directeurs de ces établissements un prix de journée plus fort que celui qu'il a reçu de l'État. Il s'est en outre chargé de payer les mémoires des pharmaciens.

Sur la demande que lui en ont faite M. le comte de Vogüé et M. le président du Comité, M. le Ministre de la guerre, prenant en considération les circonstances exceptionnelles dans lesquelles la Société de Secours aux blessés a fonctionné à Bourges, a, par décision du 19 février, élevé de 25 centimes l'indemnité de la journée à compter du 1er janvier 1871. Cette décision est venue justement au Secours de la Société : car, malgré cette augmentation, elle a fait encore une assez forte dépense s'élevant à plus de 20,500 francs comme l'établit le compte général, en sus des indemnités de journées qu'elle a reçues du département de la Guerre.

Dans ces dépenses sont entrées la somme de 5,042 francs, payée aux différents pharmaciens et celle de 6,084 fr. 45 c. pour frais généraux et objets divers. Parmi ces dépenses générales se trouvent notamment 1,000 francs envoyés, le 15 février 1871, aux soldats internés en Suisse ; 500 francs adressés au Comité de Bâle, pour les prisonniers en Allemagne; 304 francs employés en achat d'instruments de chirurgie et 1,772 francs pour achat de linge.

Ce linge a été acheté pour, avec celui déjà recueilli par le Comité, com-, pléter le service des ambulances. Le Comité des dames s'est occupé avec le plus grand soin de la lingerie. Il a fait confectionner un grand nombre de chemises, de mouchoirs de poche, de tabliers d'infirmerie, etc. Il a distribué ce linge, ainsi que des draps, des couvertures, des bonnets de coton, des ceintures de flanelle et autres objets aux ambulances, suivant leurs besoins. Après la fermeture des ambulances, ces dames ont constaté l'état des différents objets qui n'ont pas été absorbés par les soins donnés aux malades ; elles en ont fait une note, en appréciant ceux provenant des dons et ceux confectionnés par elles, à la somme de plus de 5.000 francs (1).

Le Comité, en leur adressant des remerciments pour la peine qu'elles ont bien voulu prendre et pour le résultat productif de leur travail

____

(1) Voir annexe I.

si dévoué, les a priées de distribuer le linge qui reste entre les établissements charitables qui l'ont aidé dans son œuvre de secours aux blessés, ainsi qu'aux soldats qui pourraient en avoir un besoin urgent.

Cette distribution vient d'être faite en prenant en considération les services rendus par les établissements et leurs besoins.

Le Comité doit aussi témoigner toute sa reconnaissance à Messieurs les Médecins de la ville pour leur généreux et zélé concours dans l'accomplissement de son œuvre, en donnant gratuitement, aux blessés et malades reçus dans les ambulances de la société, les soins si nécessaires à leur état de blessures et de souffrances (1).

Il comprend dans ses témoignages de reconnaissance les trois chirurgiens de la société de secours aux blessés, MM. Granchet, Ducoudray e Lavigne, qui ont si bien dirigé le service médical dans la grande ambulance de l'hôpital général où étaient beaucoup des militaires les plus malades et les plus gravement blessés. Ces chirurgiens se sont, en outre, rendus très-utiles à l'arrivée des trains, pour les soins à donner aux militaires et pour leur distribution dans les ambulances.

Quelques médecins militaires ont aussi traité dans plusieurs de nos ambulances, et pendant certain temps, nos blessés et malades : qu'ils reçoivent nos remercîments de l'utile concours qu'ils nous ont apporté spontanément.

Je dois, en terminant, dire que nous avons adressé, le 18 mai dernier, à M. le Comte Sérurier, président de la Société de secours aux blessés, à Versailles, une grande caisse du poids net de 84 kilogrammes de tabac de Salonique, pour l'armée de Versailles. M. le Comte Sérurier, a, par sa lettre du 20 mai, beaucoup remercié de ce tabac, qu'il serait heureux de faire distribuer aux nombreux blessés reçus dans les ambulances.

Nous avions précédemment, le 25 avril 1871, envoyé, pour l'armée de Versailles, différents objets linge, chemises de toiles et de flanelles, vêtements, etc., etc, contenus dans 83 colis, pesant 6,140 kilog., dus à l'obligeance de M. le Préfet du Cher, et provenant du Comité de Tours. Ces objets ont été conduits à Versailles, par trois de nos auxiliaires, MM. Albert des Méloizes, Gaston Jouslin et de Trémiolles. Cette conduite, était nécessaire pour faire arriver promptement et sûrement, à nos militaires, ces objets si utiles pour eux.

Tel est, Msssieurs, le résumé sommaire de nos travaux que j'ai voulu mettre sous vos yeux. Il me semble que, de l'ensemble des opérations du Comité, il sortira que sa gestion a atteint le but que s'est proposé la

(Voir) annexes A ² et C.

Société en l'associant à son œuvre ; que son concours dévoué n'a pas été sans utilité pour aider l'administration de la guerre à améliorer la position de nos braves militaires. Ils ont combattu pour la défense de notre chère patrie, dans une guerre désastreuse où ils ont couru tant de dangers et éprouvé de si grandes fatigues : C'était un devoir pour tous de venir à leur secours.

Le Comité a eu, dans sa mission, à soigner des Allemands. En faisant pour eux, comme pour les soldats français, il a montré qu'il comprenait la charité comme l'avait comprise la convention de Genève. Il n'a d'ailleurs fait, en cela, que se conformer aux sentiments et aux pratiques de la Société de secours aux blessés, qui l'a jugé digne d'être associé à son œuvre. Il est fier de cette affiliation, lorsqu'il voit combien cette société est appréciée par le gouvernement qui a reconnu publiquement les services qu'elle a rendus. Elle prouve par son zèle et son dévouement, toujours prêts, que c'est avec raison que le décret du 23 juin 1866 l'a reconnue d'utilité publique.

TABLEAU

Des recettes et dépenses du Comité de Secours aux blessés.

1. RECETTES.

Elles proviennent de quatre sources différentes :

1° *Du Comité départemental*.

Le 14 octobre 1870 et le 10 janvier 1871, le Comité des blessés avait reçu..................	15,817 68	
mais par suite de l'emploi par le Comité départemental, en mai 1871, de.....................	3,696 40	
Le Comité des blessés n'a plus conservé que..	12,121 28	12,121 28

2° *Souscriptions et dons reçus par le Comité directement et recettes diverses*.

Dans le compte du 9 février 1871, il y a eu...	1,904 30	
Dans le compte du 5 mai.................	365 »	
A reporter.....	2,269 30	12.121 28

	Report.....	2,269 30	12,121 28
Depuis le 5 mai...........................	1,113 25	
		3,382 55	3,382 55

5° Indemnités payées par l'État pour journées dans les ambulances.

1. Indemnités portées dans le compte du 9 février 1871 .... 17,732 25
2. Indemnités comprises au compte du 5 mai. 14,678 70
3. Indemnités payées le 3 novembre 1871.... 2,157 64

                        34,568 59   34,568 59

4° Sommes données par la Société de secours aux blessés :

1. Par M. Melchior de Vogüé, le 29 décembre 1870...................................... 3,000 »
2. Par M. Duvergier de Hauranne, s. délégué le 2 avril 1871 .... 4,000 »
3. Par M. Duvergier de Hauranne, le 29 juin. 3,000 »

        Total.... 10,000 » 10,000 »

Total général des recettes au 31 juillet 1871.... 60,072 42

2. DÉPENSES.

Elles ont eu deux causes :

1° Pour les ambulances :

1. Dans le compte du 9 février............... 22,796 85
2. Dans le compte du 5 mai................ 20,175 50
3. Depuis le 5 mai au 1er juin............. 3,745 05
4. Pour le solde des dépenses au 31 juillet.. 2,297 40

        Total.... 49.014 80 49,014 80

2° Dépenses générales et diverses :

1. Dans le compte du 9 février 1871......... 3,083 65
2. Dans le compte du 5 mai................ 2,659 55

        À reporter..... 5,743 20 49,014 00

		Report.....	5,743 20	49,014 80
3. Pour solde au 31 juillet...«............			341 25	
		Total....	6,084 45	6,084 45
		Total des dépenses en août 1871....		55,099 25

BALANCE.

Les recettes sont de......................		60,072 42
Les dépenses sont de."....................		55,099 25
D'où il reste en recette....		4,973 17

Au point de vue de l'origine des recettes, le compte s'analyse ainsi :

Le Comité a dépensé pour les ambulances.............		49,014 80
Il n'a reçu du département de la guerre, pour indemnités des journées, que......................		34,568 59
D'où il a eu un déficit, de ce chef, de...................		14,446 21
Ajoutons à ce déficit la dépense pour frais généraux et objets divers....................		6,084 45
On trouve un total de....		20,530 66
qui a été payé d'abord avec les souscriptions et prix de farines s'élevant à......................		15,503 83
Puis avec partie de l'argent de la société pour le surplus de		5,026 83
D'où il est resté sur les 10,000 francs fournis par la société la somme de.........................		4,973 17
Total égal....		10,000 »

§ IV.

SECOURS EXTRAORDINAIRES AUX FAMILLES DES SOLDATS.

J'ai dit que, sur les observations que j'ai eu l'honneur d'adresser à M. le Ministre de l'Intérieur dans le courant du mois de mai, concernant les demandes faites par un grand nombre de familles de la continuation des secours, arrêtés depuis le mois de février, Son Excellence, à laquelle

M. le Préfet avait bien voulu recommander les demandes, avait accordé au Comité départemental une nouvelle allocation de six mille francs, par décision du 23 mai 1871. M. le Ministre explique que ce nouveau crédit, en raison de ce que la plus grande partie des troupes auxiliaires est aujourd'hui rentrée dans ses foyers, est principalement destiné, dans la pensée de la commission centrale, à venir au secours des familles des militaires blessés ou des familles qui ont perdu leurs soutiens et qui attendent le réglement de leurs pensions.

D'un autre côté, M. Ancillon, comme secrétaire de la Société d'agriculture, s'est trouvé en rapport avec M. Henry Parker, délégué du Comité américain de la ville de New-York, qui apportait des secours en France. Il lui a parlé des besoins des familles de nos soldats, pour lesquelles les fonds du Comité départemental étaient insuffisants. Sir Henry Parker a bien voulu nous venir en aide; il a versé entre les mains de M. Ancillon, qui me les a remis, la somme de 5,000 francs, le 17 mai. Le jour même nous sommes allés remercier, au nom du Comité, ce bienfaiteur généreux qui est venu jusqu'au centre de la France, pour concourir aux secours si nécessaires aux familles trop nombreuses de nos soldats.

Par votre délibération du 23 juin 1871, en constatant cet acte de bienfaisance, vous avez décidé que les 5,000 francs de Sir Henry Parker seraient joints aux 6,000 francs alloués par M. le Ministre et que la somme totale de 11,000 francs serait distribuée aux familles les plus nécessiteuses. En vous conformant aux instructions de M. le Ministre et aux désirs exprimés par Sir Parker, vous avez classé en quatre catégories les familles anxquelles des secours seraient donnés et vous avez fixé les secours pour haque catégorie. De suite vous avez commencé votre travailet vous avez statué sur.. 112 demandes.

Dans la seconde séance du 26 juin vous avez prononcé sur... .... 406 —

Au total.............. 518 demandes

Onze ont été rejetées comme ne rentrant pas dans les catégories déterminées. Pour les autres, des mandats ont été délivrés suivant les allocations faites à chacune d'elles, s'élevant ensemble à 8,525 francs.

Comme il était urgent de statuer sur les demandes qui seraient présentées et que, d'un autre côté, ces demandes se produisant séparément, elles pourraient être soumises à des retards plus ou moins grands s'il fallait ne prononcer qu'après les avoir réunies, vous avez autorisé votre président et votre secrétaire à examiner les demandes à mesure qu'elles seraient faites en leur appliquant les bases par vous suivies dans vos deux séances des 23 et 26 juin.

En nous conformant à cette décision, si utile pour les familles, M. le Secrétaire et moi avons, dès le 28 juin, et en nous réunissant très-fréquemment, examiné successivement 70 demandes pour lesquelles des allocations ont été faites pour la somme de 1,430 francs. Cette somme, réunie aux 8,525 alloués dans les deux séances des 23 et 26 juin, forme un total de 9,955 francs. Ainsi, les 11,000 francs seront bientôt absorbés, au moins en mandats. Les mandats sont-ils acquittés aussi promptement que la commission a déterminé les secours? Oui, pour les mandats payables à Bourges ou qui, quoique payables hors de la ville, me sont présentés. Mais quant à ceux qui sont transmis aux familles par l'intermédiaire des percepteurs, nous ne connaissons le paiement que lorsque ces mandats nous sont rapportés et les mandats ne reviennent que très lentement : 72 seulement m'ont été rapportés le 22 juillet pour...... .... 1,295 fr.

Le 5 août 321 mandats pour...................... .. 5,375 fr.
                                           6,670 fr.

J'ai payé jusqu'au 31 juillet.................. 1,870 fr.

Total payé le 5 août................. 8,540 fr,

Cependant les mandats étant faits, nous sommes obligés de les prendre pour base de l'emploi des fonds et de ne pas délivrer d'autres mandats au delà des 11,000 fr. mis à notre disposition. Dans le compte énoncé dans ce rapport, nous devons considérer les 11,000 francs comme tout employés, sauf à distribuer ce qui pourra rester libre après la rentrée de tous les mandats, aux familles qui demanderont dans les conditions déterminées. Tous les jours il s'en présente, et des secours sont accordés sur les les fonds disponibles.

RÉCAPITULATION.

En récapitulant toutes les opérations des deux comités nous trouvons les résultats suivants :

§ Ier.

COMITÉ DÉPARTEMENTAL.

	Recettes.	Dépenses.
1. Secours ordinaires.......	83,427 90	83,427 90
Ainsi balance complète.		
À reporter.....	83,427 90	83,427 90

Report.....	83,427 90	83,427 90
2. Secours extraordinaire...................	11,000 »	11,000 »

Balance complète.

Total pour le Comité départemental.... 94,427 90   94,427 90

§ II.

Comité de secours aux blessés........... 60,072 42   55,099 25

Totaux...... 154,500 32   149,527 15

Déduisant des recettes les dépenses de....... 149,527 15

Il reste en recettes la somme de............ 4,973 17

Qui appartient au Comité des blessés, puisque, pour le Comité départemental, les dépenses se balancent avec les recettes. (1)

Le 5 août 1871.

Le Président des deux Comités,

CHÉNON,

(1) Voir annexe L :

1° La délibération du Comité sectionnaire de secours aux blessés. — Commission départementale, du 5 août 1871, approuvant le rapport.

2° La délibération du 11 août 1871 du Comité départemental approuvant aussi le rapport et contenant une allocution de M. le Préfet.

RAPPORT COMPLÉMENTAIRE

Messieurs,

En entrant pleinement dans les intentions patriotiques si bien exprimées par M. le Préfet dans la dernière réunion du comité départementale le 11 du présent mois, vous avez accepté avec empressement la proposition qu'il vous a faite de ne pas dissoudre le comité, de continuer votre œuvre philantropique et de rester prêts pour subvenir aux besoins encore urgents de nos soldats et de leurs familles et même pour faire face aux éventualités qui pourraient se présenter.

Vous avez approuvé les mesures déjà prises, à la demande de M. le Préfet, pour renvoyer dans leurs familles un certain nombre de mobiles du Cher. grièvement blessés et amputés, restés à Bourges en subsistance. Ces militaires erraient toute la journée dans les rues de la ville, où ils donnaient le triste spectacle de leurs infirmités; on a pensé qu'à tous égards ils seraient beaucoup mieux dans leurs familles. Pour les renvoyer chez eux il leur a été distribué à chacun, au moment du départ, 2 chemises, 2 bonnets de coton, 2 mouchoirs, et une somme moyenne de dix francs. Vous avez promis votre concours pour la continuation des secours, dans la mesure de vos ressources. A cette œuvre d'autres peuvent être ajoutées, toujours dans le but de venir en aide aux soldats qui se sont dévoués pour la défense de notre patrie et à leurs familles. Il est donc utile, pour se livrer plus sûrement à ces œuvres, de les connaître et d'apprétier les dépenses qu'elles nécessiteront ainsi que les ressources qui sont à votre disposition.

C'est le tableau sommaire de ces dépenses et recettes que j'ai cru convenable de mettre sous vos yeux dans un rapport supplémentaire à celui que j'ai eu l'honneur de vous faire, le 5 août, sur les opérations accomplis et que vous avez approuvé.

Œuvres qui restent confiées à votre dévouement

1° La continuation des secours aux mobiles blessés, qui sont rentrés, comme je viens de l'expliquer, dans leurs familles. Ces secours sont de ceux auxquels M. le Ministre de l'Intérieur a voulu pourvoir en allouant au comité départemental, au mois de mai dernier, la somme de 6,000 francs. Ces secours doivent être donnés jusqu'au moment où les militaires blessés toucheront la pension qui doit leur être accordée par l'État. A quelle époque cette allocation sera-t-elle faite? On a présumé que cela pourrait être dans trois mois. Le secours a été fixé à 1 franc par jour, soit par mois et par homme 30 francs. En comptant 30 mobiles comme bénéficiant de ce secours, c'est 900 francs par mois. L'Etat, d'après les explications fournies, donnerait 0,50 cent. par jour, c'est-à-dire la moitié du secours : ce serait ainsi la somme de 4 à 500 francs par mois qu'aurait à payer le comité ; ou pour trois mois la somme de 1,500.

Cette dépense ne pourrait être payée qu'environ pour les deux tiers par les secours extraordinaires de 11,000 francs dont nous nous sommes entretenus au paragraphe IV du rapport général. Il ne restera, en effet, après l'acquit des mandats délivrés aux familles que la somme de 1,000 au plus. Le reste, 1,500 francs devra être pris sur les fonds du comité de secours aux blessés ; lesquels sont disponibles au 25 août jusqu'à la concurence de la somme de 4,973 francs. Ces fonds peuvent être employés à payer ce secours aux soldats, qui rentre assurément dans l'œuvre du comité.

2° Depuis la fermeture des ambulances de la société ; elle s'est occupée des militaires soignés dans trois ambulances de l'État : l'une à l'hôtel-Dieu. la deuxième établie dans l'un des bâtiments de l'usine de Mazière et l'autre, comme je l'ai dit au rapport général. a continué de subsister à l'asile départemental.

Ces ambulances ne sont pas à la charge du comité ; il a été appelé néanmoins à contribuer à une partie de leurs dépenses. M. le Préfet et madame la vicomtesse de Flavigny s'intéressent beaucoup aux militaires qui y sont soignés. Ils ont fait distribuer à ces établissements des secours en argent, du vin, du linge. M. le Préfet a fait venir, dans ce but, du Comité central de la Société de secours aux blessés, en deux fois : 370 bouteilles de vin de

Porto, deux bariques de vin de Bordeaux, 142 litres d'eau-de-vie et deux caisses de linge.

Madame la vicomtesse de Flavigny a jugé nécessaire l'achat de trois lits et sommiers pour diminuer les souffrances des malheureux amputés. Ces lits ont coûté 140 francs l'un soit 420 francs. Le paiement de cette somme est demandé au Comité : l'utilité de la dépense étant incontestable, il semble qu'il rentre dans son œuvre de le faire.

Il y aura aussi des membres articulés à fournir aux soldats amputés afin de les mettre à même de travailler. Il y a notamment le bras artificiel dit *agricole*, du docteur Gripouilleau, dont les avantages ont été reconnus par plusieurs académies. Grâce à cet appareil les manchots redeviennent capables d'exécuter avec rapidité et précision lce manœuvres des divers instruments de l'agriculture. Je ne puis pas dire quel sera le montant de cette dépense, mais ce qui est évident, c'est qu'il est impossible de faire un meilleur emploi de nos fonds, sauf, bien entendu à ménager nos ressources. Si d'ailleurs, pour satisfaire à ces dépenses ou à d'autres semblables, nous avions besoin de nouveaux subsides, le Comité central de la Société, auquel M. le Préfet et M. le délégué Duvergier de Hauranne voudraient bien nous recommander, ne manquerait pas de nous en allouer.

J'ai, Messieurs, à l'occasion des dispositions si bienveillantes pour notre œuvre de M. le vicomte de Flavigny, à vous faire une proposition qui, j'en suis persuadé, sera accueillie avec empressement : c'est de nommer M. le Préfet *président d'honneur* de notre Comité. Nous lui témoignerons ainsi notre reconnaissance pour son bienfaisant concours.

Œuvre nouvelle du Comité des Dames.

Madame la vicomtesse de Flavigny, dont la charité est inépuisable, a voulu mettre les dames de notre Comité en mesure de distribuer elles-mêmes des secours aux soldats et à leurs familles. Elle a obtenu du Comité central de la Société, la somme de 1,000 francs, qu'elle a mise à leur disposition. Ces Dames ont exprimé toute leur reconnaissance à madame de Flavigny ; elles l'ont priée de prendre part à leur bonne œuvre en remplissant les fonctions de trésorière de leur Comité ; ce qu'elle a bien voulu accepter. Elles ont consulté notre registre pour connaître les familles les plus nécessiteuses, et ont pris de leur côté tous les renseignements qu'elles ont jugé utiles pour mieux assurer leur choix.

Notre comité des Dames va ainsi, grâce à l'initiative bienfaisante de madame de Flavigny, compléter pour les familles de nos soldats notre œuvre de secours.

Nous pouvons donc espérer que toute satisfaction sera donnée aux demandes légitimes; tout en nous laissant quelques fonds disponibles pour faire, l'hiver prochain, de nouvelles distributions aux familles auxquelles des secours seraient le plus nécessaires.

Bourges ce 26 août 1871.   (1)

Le Président du Comité,

CHÉNON.

(1) Annexe L.

Voir la délibération du Comité du 26 août approuvant ce rapport.

DOCUMENTS DIVERS

ANNEXE A.

COMPOSITION DU COMITÉ DÉPARTEMENTAL DE SECOURS AUX SOLDATS
ET A LEURS FAMILLES.

D'après l'arrêté de M le Préfet du Cher du 10 août 1870.

1° MM. De Nesle (✻), Député du Cher, Conseiller général.

2° Chénon, Avocat ✻, Maire de Bourges, Conseiller général.

3° Rapin (Edmond), Adjoint au Maire de Bourges.

4° De Bonnault-Villemenard, Adjoint au Maire de Bourges.

5° Boin (✻), Président de chambre à la Cour d'appel de Bourges, Conseiller général.

6° Des Méloizes (✻ O.), Conservateur des forêts.

7° Fournier (Henri), Avocat, Conseiller général.

8° Delépine, Trésorier payeur général du Cher.

9° Ancillon, Avocat.

10° Bazennerye (✻), Président honoraire à la Cour d'appel. Conseiller général.

11° Appé, Vicaire général.

12° Massé, Avocat (✻), Conseiller général.

13° Thiot-Varenne, Avocat.

14° De Maistre (✻), Propriétaire.

15° De Panette, Propriétaire.

16° Bourdin, Banquier, Président du Tribunal de Commerce.

17° Manceron-Lerasle (✻), ancien Président du Tribunal de Commerce.

19°   Bureau (Alphonse), Banquier, ancien Président du Tribunal
       de Commerce.
20°   Moret, ancien Notaire.
21°   Roger, Architecte, Conseiller municipal.
22°   Chertier, Propriétaire, Conseiller municipal.
23°   Chedin, Manufacturier.
24°   Duponnois, Manufacturier.
25°   Jumigny (✳), Docteur-Médecin.
26°   Bercioux, Docteur-Médecin.
27°   Péneau, Pharmacien.
28°   Justin-Ménier, Propriétaire.
29°   Lionnet-Chérubin, Carrossier.
30°   Ferré, Fils, Marchand d'ardoises.
31°   Le Maire de Saint-Amand.
32°   Le Maire de Sancerre.
33°   Hache ✳, Manufacturier, Conseiller général à Vierzon.

ANNEXE A'

COMPOSITION DU COMITÉ SECTIONNAIRE DE LA SOCIÉTÉ

DES SECOURS AUX BLESSÉS.

**I. — Bureau du Comité chargé aussi de l'Examen des demandes
de Secours aux familles des Soldats.**

1° MM. Chénon, (✳), Président.
2°   Des Méloizes (✳ O.), Vice-Président.
3°   Delépine, Trésorier.
4°   Fournier ⎱ Secrétaires.
5°   Ancillon ⎰
6°   Boin (✳)
7°   Paultre
8°   Manceron-Lerasle   } Membres.
9°   De Bonnault-Villemenard

II.— Médecins Adjoints au Comité.

1° MM. de Jumigny (✳), Médecin à Bourges.
2°   Bercioux,   —
3°   Lhomme.   —
4°   Brault,   —
5°   Ripart,   —
6°   Moreau,   —
7°   Charret,   —
8°   Gilbert d'Hercourt, Fils, Médecin à Bourges.
9°   Gilbert d'Hercourt, Père,   —   à Enghien.
10°   Granchet, Médecin à Paris.
11°   Ducoudray   —
12°   Lavigne   —

————————

ANNEXE B.

Comité des Dames.

1° Mmes Des Méloizes, Présidente.
2°   Guillot, née Chénon.
3°   Delépine.
4°   Ancillon.
5°   Fournier.
6°   Boin.
7°   Paultre.
8°   Hervet-Manceron.
9°   De Bonnault-Villemenard.
Mme Charles Pascaud, a souvent aidé le Comité.

————————

ANNEXE C.

AMBULANCES DU COMITÉ.

N° 1. Ambulance de l'hôpital général près la gare, dirigée par les sœurs de l'hôpital :

MM. Dagonneau (l'abbé) aumônier,
    Granchet, Ducoudray et Lavigne médecins,
    Mornet fils et Meunier agents comptables,
    Les membres du comité sectionnaire inspecteurs.

N° 2. Ambulance des dames Bénédictimes, dirigée par les dames de charité et les sœurs bénédictines :

MM. Ripart et Charret médecins,
    de Goy et Edgar Pascaud, inspecteurs.

N° 3. Ambulance de l'Asile départemental, dirigée par les sœurs de la charité :

MM. Lhomme, médecin, directeur,
    Théodore Paultre, inspecteur.

N° 4. Ambulance des petites sœurs des pauvres dirigée par elles :

MM. de Jumigny, médecin,
    Buchet, inspecteur.

N° 5. Ambulance rue Peschereau :

MM. Barberaud, directeur,
    les Sœurs de charité,
    Lavigne, médecin,
    Behaghel, inspecteur.

N° 6. Ambulance rue d'Auron :

MM. Boin, directeur,
Gilbert d'Hercourt père, médecin.
Théodore Paultre inspecteur.

N° 7. Ambulance rue de la Halle :

MM. Beraud, directeur,
Gilbert d'Hercourt père, médecin,
Augier de Montgremier, inspecteur.

N° 8. Ambulance des sœurs de Bon-Secours, rue Montcenoux

MM. les sœurs de Bon-Secours, directrices.
Brault, médecin,
de Goy et Pascaud, inspecteurs.

N° 9. Ambulance de Mazières :

MM. le marquis de Vogüé propriétaire et de Saint-Phal, directeur,
Ripart, médecin,
les Membres du Comité, inspecteurs.

N° 10. Ambulance des Pères jésuites, place Saint-Bonnet :

MM. Gaston Jouslin et Raymond de la Guère, directeurs,
Gilbert d'Hercourt fils, médecin.
Behaghel, inspecteur.

N° 11. Ambulance rue de la Chappe :

MM. Jules Martin, directeur,
médecin.
Cougny, inspecteur.

N° 12. Ambulance rue Porte-Neuve :

MM. Boyer Aymond, directeur,
Ducoudray, médecin,
Basset, inspecteur,

N° 13. Ambulance rue Saint-Médard :

MM. Gauchery, directeur,
Moreau, médecin,
Buchet, inspecteur.

N° 14. Ambulance de la Petite-Armée :

MM. de Fussy, directeur,
Charret, médecin,
Georges de Puyvallée, inspecteur.

N° 15. Ambulance rue Sainte-Claire :

MM. Pichon et Labit, directeurs,
Moreau, médecin,
Augier de Montgremier, inspecteur.

N° 16. Ambulance rue d'Auron :

MM. Rosay, directeur,
Ducoudray, médecin,
Garsault, inspecteur.

N° 17. Ambulance rue des Arênes 63 :

MM. Ancillon, directeur,
Ducoudray, médecin,
Georges de Puyvallée, inspecteur.

N° 18. Ambulance rue Jacques-Cœur :

MM. des Méloizes, directeur,
Bercioux, médecin,
Georges de Puyvallée, inspecteur.

N° 19. Ambulance rue Saint-Ambroix :

MM. Basset, directeur,
médecin,
Georges de Puyvallée, inspecteur.

N° 20. Ambulance quai du Bassin :

MM. Touraton, directeur,
Bercioux, médecin,
Garsault, inspecteur.

N° 21. Ambulance rue des Arênes :

MM. Bourreau, directeur,
Bercioux, médecin,
Basset, inspecteur.

STATISTIQUE POUR LES AMBULANCES.

1°. Nombre de lits et journées de malades :

		Lits	Journées.
1°. Ambulance de l'hôpital général		95	8,762
2°. Ambulance des Bénédictines..............		22	
3°. Ambulance de l'Asile départemental........		25	
4°. Ambulance des petites sœurs des pauvres..		20	
5°. Ambulance rue Peschereau..............		35	
6°. Ambulance rue d'Auron (Boin)...........		8	
7°. Ambulance rue de la Halle..............		18	
8°. Ambulance des sœurs du Bon-Secours......		20	
9°. Ambulance de Mazières.................		10	
10°. Ambulance des Pères jésuites............		35	
11°. Ambulance rue de la Chappe...........		10	
12°. Ambulance rue Porte-Neuve...........		4	19,982
13°. Ambulance rue Saint-Médard...........		8	
14°. Ambulance rue de la Petite-Armée........		8	
15°. Ambulance rue Sainte-Claire...........		15	
16°. Ambulance rue d'Auron (Rosay)...........		8	
17°. Ambulance rue des Arênes (Ancillon......		8	
18°. Ambulance rue Jacques-Cœur...........		6	
19°. Ambulance rue Saint-Ambroix...........		4	
20°. Ambulance quai du Bassin..............		8	
21°. Ambulance rue des Arênes (Bourreau).....		8	
Totaux		375	28,744

Il y a eu a l'hôpital général 1,097 militaires malades ou blessés ayant donné lieu à 8,762 journées. La moyenne pour chacun est de 8 journées.

Il y a eu dans les autres ambulances 1,598 militaires ayant donné lieu à 19,982 journées. La moyenne pour chacun est de 12 journées 1/2.

Il y a eu en totalité 2,695 militaires ayant donné lieu à 28,744 journées, La moyenne pour chacun est de 10 journées 3/4.

2°. Statistique des décès :

Il y a eu à l'hôpital général 71 militaires décédés, sur 1,097, cela donne une moyenne de 6,50 pour cent, ci........................... 6,50 ./°

Il y a eu aux autres ambulances 37 décès sur 1,598 militaires, cela donne une moyenne de 2,30 pour cent, ci.......................... 2,30 o/°

Il y a eu en tout 108 décès sur 2,695 militaires, cela donne une moyenne de 4,20 pour cent, ci.......................... 4,20 o/°

Sur les 2,695 militaires soignés dans les ambulances du Comité, il y a eu environ 2/5 de blessés et 3/5 de malades.

C'est à l'hôpital général qu'ont été placés les militaries les plus gravement blessés et les plus malades. Les maladies les plus graves ont été la petite vérole, la fièvre typhoïde, la dyssenterie, l'érysipèle, la fluxion de poitrine, la bronchite, la phthisie, les rhumatismes aigus.

3° Statistique du prix des journées :

En réunissant les dépenses faites pour toutes les ambulances, le prix moyen de la journée de malade revient au Comité à 1 fr. 63 c. 1/2.

ANNEXE D.

Comité auxiliaire pour le Service des blessés à la gare et pour l'inspection des ambulances.

1° MM. Félix Garsault, Propriétaire à Bourges.
2°   Gauchery, fils, Architecte à Bourges.
3°   Théodore Paultre, fils, Étudiant à Bourges.
4°   Fernand Dumonteil, Avoué d'appel   —
5°   Albert des Méloizes, fils   —
6°   Henri de Grossouvre   —
7°   Chonez (✳), Président de chambre à la cour de Bourges.
8°   Legrand Félix, Avocat   —
9°   Paul Devoucoux, Avocat   —
10°   Augier de Montgremier, propriétaire,   —
11°   Raymond Tabournel, vérificateur de l'Enregistrement

12°   Albert Saint-James, étudiant, à Bourges.
13°   Buchet, propriétaire,   —
14°   Georges de Bengy, propriétaire,   —
15°   Née, étudiant en théologie,   —
16°   Raymond de la Guère, propriétaire, —
17°.   Bourgeois fils, peintre,   —
18°   Hervé fils, étudiant,   —
19°   Urbain Guérin, étudiant,   —
20°   Gaston Jouslin, avocat,   —
21°   Edgar Pascaud, juge suppléant,   —
22°   De Trémiolles, juge suppléant,   —
23°   Emile Torchon, propriétaire,   —
24°   Bourdin, président du Tribunal de commerce, à Bourges.
25°   Madelaine, avoué d'appel,   —
26°   Maugard, avocat,   —
27°   Cougny, professeur de dessin,   —
28°   Maujoin, professeur d'écriture,   —
29°   Behagel, juge au Tribunal, à Bourges.
30°   Basset, directeur d'assurances,   —
31°   Brossé, maître-menuisier,   —
32°   Plâtrier, professeur,   —
33°   Ferré, fils, maître-couvreur,   —
34°   Meunier, avocat,   —
35°   Barberaud, archiviste,   —
36°   Buhot de Kersers, avocat,   —
37°   Georges Joulin, avocat,   —
38°   De Goy, propriétaire,   —

ANNEXE E.

Note de M. Ancillon concernant les relations avec le Comité de Bâle.

MESSIEURS,

Dès les premiers jours de sa création, notre Comité sectionnaire de la Société de Secours aux blessés s'est mis en relation avec le Comité international qui s'était formé à Bâle, pour correspondre avec nos soldats prisonniers en Allemagne, recevoir de leurs nouvelles, leur transmettre les lettres de leurs familles et leur envoyer des secours. Nos correspondances datent des premiers jours d'octobre 1870 et, à partir de ce moment, nous n'avons pas cessé de correspondre presque journellement avec le comité de Bâle. Nous avons ainsi retrouvé, en Allemagne, un grand nombre de nos soldats dont on était sans nouvelles, nous en avons informé leurs familles et nous leur avons fait parvenir, par cette voie, les secours qui leur ont été envoyés. Ces envois étaient faits par des mandats internationaux, au nom du Comité de Bâle; ils étaient touchés à Bâle et convertis en numéraire qui était transmis à nos prisonniers. Ces envois ont eu lieu ainsi jusqu'au moment du retour de nos soldats et nous avons encore, à ce moment, envoyé les fonds qui étaient nécessaires à ceux que la Prusse laissait revenir à leurs frais. Un grand nombre a pu par ce moyen devancer l'heure du retour sur le sol de la patrie.

Vers le 15 novembre, un nouveau service a été organisé par l'agence de Bâle, c'est celui de l'envoi des effets d'habillement pour les prisonniers. Une succursale spéciale a été établie à Bâle pour ce service; nous en avons profité, pour faire parvenir à nos soldats tout ce que leurs familles ont pu leur envoyer en vêtements et objets de literie pour les préserver du froid. Presque tous les colis que nous avons ainsi expédiés sont arrivés à leur destination, aussi rapidement que pouvait le permettre l'encombrement de nos lignes de fer à cette époque. Nous avons reçu les témoignages de la reconnaissance des familles auxquelles nous avons rendu ces services. Nous devons ajouter que nous avons été très-bien secondés pour ces envois par l'Intendance, qui nous a accordé l'autorisation d'expédier au prix réduit au quart, et par l'administration du chemin de fer, qui a montré plus la grande obligeance pour toutes ces expéditions.

Vers le mois de janvier, nos correspondances avec l'Allemagne, par l'intermédiaire du comité de Bâle, avaient pris une telle importance, que nous étions devenus les intermédiaires de plusieurs de nos départements du midi. Nous avons été assez heureux pour pouvoir retrouver en Allemagne plusieurs des prisonniers appartenant à ces départements, et donner de leurs nouvelles. Nous avons notamment retrouvé, dans une forteresse d'Allemagne, à la demande d'une famille de Brives, un de nos intrépides aéronautes de Paris, M. de l'Epinay, qui était allé tomber à Rotterburg, en Vurtemberg, montant le ballon *le général Chanzy*.

Nous avons également obtenu par l'intermédiaire de l'agence de Bâle, des nouvelles de tous nos soldats du Cher prisonniers, qui ont été soignés dans les ambulances allemandes et dont quelques-uns sont morts dans ces ambulances. Nous en avons publié les listes dans les journaux de la localité.

Enfin, nous avons transmis, à l'agence de Bâle, les noms, et donné des nouvelles des prisonniers prussiens blessés que nons avons eu pendant quelque temps, dans nos ambulances de Bourges.

L'internement de nos troupes en Suisse, après le désastre de notre armée de l'Est, a fourni un nouvel aliment à nos correspondances avec le comité de Bâle. Nous avions là une grande partie de nos gardes mobiles du Cher. Ils étaient environ 4,000 internés, principalement dans les cantons de Saint-Gall, Thurgovie et Appenzel. Nous avons entretenu de nombreuses correspondances à leur sujet, par l'intermédiaire du Comité de Bâle, nous avons pu avoir de leurs nouvelles et les transmettre à leurs familles. Nous avons pu leur transmettre l'argent et les effets qu'elles nous ont remis.

Outre les envois provenant des familles des soldats prisonniers, nous avons été intermédiaires pour faire parvenir au Comité de Bâle les souscriptions qui nous ont été adressées, soit pour les prisonniers d'Allemagne, soit pour les internés de Suisse. Nous avons le regret de dire que peu de communes ont répondu à l'appel que nous avions adressé à leurs maires au moment de l'internement en Suisse de nos malheureux gardes mobiles.

Ces souscriptions sont les suivantes :

1° Souscription faite à Levet, par les soins de M. Jacques Devaux... 164 35

2° Souscription faite parmi les membres des tribunaux du ressort, à la demande de Monsieur le Procureur général.... 516 »

3° Deuxième souscription... 100 »

A reporter..... 780 35

Report   780 35

4° Monsieur le Juge-de-paix de saint-Martin............   25 »

5° Madame Lucas.......................   30 »

6° La commune de Baugy....................   71 »

7° La commune de Patinges..................   80 75

8° La commune de Villabon..................   31 »

9° Le maire d'Apremont....................   36 »

10° Le Comité sectionnaire à Bourges de la Société de secours aux blessés pour les mobiles du Cher internés en Suisse.   1,000 »

11° La commission d'équipement des gardes mobilisés : versement fait par M. Paultre pour les mobiles internés........   900 »

12° M. Boin président à Bourges ....   20 »

13° M. Aulanier, inspecteur de l'enregistrement........   50 »

14° Le Comité sectionnaire de la Société de secours aux blessés, à Bourges, pour les prisonniers en Prusse............   500 »

15° La commune des Aix-d'Angillon..................   63 50

16° M. Jollet, imprimeur, pour les mobiles du Cher internés..........................   60 »

17° Le maire de Savigny en Septaine..............   33 25

18° La commune de Nançay... ....   9 »

19° M. Bigot.......................   5 »

Total....   3,694 85

Toutes les sommes ont été transmises au Comité de Bâle par lettres chargées.

Bien que les souscriptions ainsi recueillies n'aient pas été très-abondantes, nous avons reçu de chaleureux remercîments du Comité de Bâle. Sa lettre du 31 janvier nous fait connaître qu'à l'époque où nos fonds sont parvenus, ils arrivaient très à propos, parce que les caisses commençaient à se vider par les fortes dépenses des derniers temps, pour acquisitions de vêtements d'hiver. « Nous nous voyions même, dit la lettre, obligés d'adresser un nouvel appel au patriotisme de tout cœur français pour pouvoir continuer notre œuvre pendant le temps nécessaire. »

Les fonds que nous avons adressés à Bâle ont été employés en acquisitions de toutes sortes d'étoffes de laines, caleçons, jaquettes, pantalons, chemises, chaussettes, sabots feutrés qui ont été distribués aux prisonniers en Allemage et à nos mobiles du Cher internés en Suisse.

Ce service, pendant toute sa durée, n'a occasionné au Comité qu'une dépense totale de 110 fr. 50 c.

Bourges, le 5 août 1871.

ANCILLON, *secrétaire.*

ANNEXE F.

AMBULANCES DANS LE DÉPARTEMENT DU CHER, NOTAMMENT :

1°. A Vierzon. — Un Comité.
2°. A Lignières. — Un Comité.
3°. A Châteauneuf. — Un Comité.
4°. A Saint-Florent. — Chez M. Bellenger, docteur médecin.
5°. A Mehun. — Chez des particuliers.
6°. A Saint-Amand. — La Mairie.
7°. A Dun-le-Roi. — La Mairie.
8°. A Sancoins. — Le docteur Clément.
9°. A Lorois. — Chez M. le comte de Clermont-Tonnerre.
10°. A Bois-Briou. — Chez M. le comte de Vergennes.
11°. A Menetou-Salon. — Chez M. le prince d'Aremberg.
12°. A Nançay. — A l'hospice.
13°. A Vignoux-sur-Barangeon. — Dans les dépendances du château, tenue par M. Bataillé, propriétaire.

ANNEXE F².

AMBULANCES DE L'ÉTAT DANS LA VILLE DE BOURGES.

1° Rue des Arênes, chez les dames Ursulines.
2°. Dans les bâtiments des dames du Sacré-Cœur.
3°. Dans une partie du petit séminaire Saint-Célestin.
4°. Au Château, chez les religieuses de l'Immaculée-Conception.

5°. Place Planchat, chez les religieuses de la Charité.
6°. A la caserne de Saint-Sulpice.
7°. Dans l'ancienne église des Carmes.

ANNEXE G.

Objets distribués dans l'hiver de 1871 dans les hopitaux et ambulances de l'Etat, par les dames, au nom du Comité :

120 chemises de toile.
Des chemises de flanelle.
Des ceintures de flanelle.
Des gilets de coton.
Des gilets de laine tricotés.
Des gilets de flanelle.
Des caleçons en étoffe.
Des caleçons de laine tricotés.
Des chaussons de lizière.
Des chaussettes de laine.
Des mouchoirs de poche.
Des Alèzes.
Des compresses et de la charpie.
Des pots de lait condensé de Suisse.

ANNEXE H.

Etat des dons en nature :

Le Comité, outre les paquets de linge, a reçu pour les blessés les dons en nature suivants :

1°. 53 pièces de vin, dont 28 de Bordeaux données par le comité de cette ville évaluées ensemble à............................. 3,950 fr.

2°. Des bouteilles de vins vieux et eau-de-vie évalués à 101 litres, valant............................. .... 82 fr.

3°. 70 kilogrammes de pruneaux d'Agen évalués à .... 70 fr.

4°. Une caisse de tabac de Genève évaluée à.......... 60 fr.

5°. 162 kilogs de tabac de Salonique (Turquie) évalués à................. .... 1,600 fr.

Total des dons en nature........... 5.762 fr.

Vins donnés au Comité par diverses personnes :

2	pièces qui avaient été déposées à la préfecture.	
1	pièce donnée par Mlle Trottier de Bourges.	
1	—	M. de Vergennes, de Pigny.
2	—	M. de Beauregard, de Vasselay.
1 1/2	—	M. Tourangin, de Ménetou-Salon.
3	—	M. Maugard, de Saint-Michel.
2	—	M. Pellé, de Ménetou-Salon.
1 1/2	—	M. Lebon, de Graçay.
1	—	M. le comte de Bosredon, de Bourges.
1	—	M. Jules Rapin, de Bourges.
1	—	M. de Chateaubodeau, de Bourges.
2	—	M. Baudouin, premier président.
1	—	M. Thomas, près la gare.
1	—	M. Massé, de Bourges.
1	—	Mme Pasquet, de Bourges.
3	—	M. Maréchal, conseiller de préfecture.
1	—	M. Ricard, de Menetou-Salon.
25	pièces comprises dans les 53 pièces ci-dessus.	

Vins en bouteille et eau-de-vie :

Mme Vergne, vin, bouteilles............................. 50

M. Bressy de Bourges, vin, bouteilles..................... 25

Mme Sylvestre, de Bourges, vin, bouteilles............... 8

M. Ricard, de Menetou-Salon, eau-de-vie, litres........... 18

Total des bouteilles ou litres...................... 101

ANNEXE I.

Objets distribués par le Comité des dames aux établissements de charité
qui ont donné leur concours pour les secours aux blessés.

Ces objets consistent notamment :
En draps de lit.
Chemises neuves.
Chemises vieilles.
Mouchoirs de poche blancs.
Tours de corps.
Serviettes.
Bonnets de coton.
Tabliers d'infirmiers.
Tabliers de femmes.
Torchons.
Caleçons de laine et de coton.
Chaussettes de laine et de coton.
Chaussons de lisière.
Bas de laine.
Calottes blanches et grises.
Gilets de laine et de coton.
Chemises de flanelle.
Ceintures de flanelle.
Gilets de flanelle.
Mouchoirs de cou neufs.
Essuie-mains.
Etc, etc.

ANNEXE L

DÉLIBÉRATIONS DES DEUX COMITÉS

APPROUVANT LE RAPPORT.

I.

EXTRAIT de la séance du 5 août 1871, du Comité sectionnaire de Secours aux Blessés, étant en même temps la Commisssion du du Comité départemental du Cher, pour les Secours aux familles des soldats.

Le Comité sectionnaire de Bourges, après avoir entendu la lecture du rapport fait par M. Chénon, son président, sur toutes les opérations des deux Comités, depuis leur fondation jusqu'à ce jour, vote des remercîments à M. le Président, rédacteur du rapport, à M. Delépine, Trésorier, à M. Ancillon, Secrétaire, et à tous ceux qui ont concouru à son œuvre. Il adopte la rédaction du rapport en son entier et décide qu'il sera livré à 'impression.

ANCILLON, *Secrétaire.*

II.

EXTRAIT de la séance du Comité départemental du Cher, du 11 Août 1871.

Le Comité départemental réuni sur la convocation de M. Chénon, son Président, en la salle du Conseil général du Cher, à la Préfecture, M. le Vicomte de Flavigny, Préfet du Cher, étant présent;

Après avoir entendu la lecture faite par M. le Président de son rapport sur toutes les opérations du Comité, vote des remercîments unanimes à la commission chargée de distribuer les secours aux familles des soldats. pour les soins qu'elle a apportés à l'accomplissement de l'œuvre du Comité autorise l'impression du rapport.

M. le Préfet du Cher prend ensuite la parole et s'exprime en ces termes :

« MESSIEURS,

« Longtemps avant d'arriver à Bourges, je savais que le Comité du Cher s'était fait remarquer entre tous par la perfection de son organisation et le dévouement de ses Membres. La publication du remarquable rapport que vous venez d'entendre, ne fera que grandir la respectueuse sympathie qui vous entourait déjà.

Permettez-moi de vous remercier, au nom du pays, de tout ce que vous axez fait pour venir en aide à ses défenseurs, pour soulager leurs misères et pour rendre leur absence moins pénible aux familles qu'ils laissaient derrière eux.

Le département du Cher avait été dignement représenté sur les champs de batailles ; grâce à vous, il a été dignement représenté aussi dans cette lutte inégale qui s'est engagée entre le dévouement personnel et les misères sans nombre que la guerre entraîne après elle.

Permettez-moi aussi, Messieurs, de vous remercier, au nom de la Société de Secours aux blessés, du concours précieux que vous avez donné à son œuvre. Vous l'avez honorée par votre affiliation ; vous l'avez surtout honorée par vos actes ; et vous avez tenu noblement l'honneur de son drapeau qui représente l'alliance du patriotisme et de la philanthropie.

Elle compte que votre union avec elle durera plus longtemps que les circonstances qui l'ont vue naître ; lors même que votre mission vous paraîtrait terminée, elle vous supplie de ne pas vous dissoudre, de fortifier vos cadres et de vous tenir prêts, avec elle et à côté d'elle à fournir une nouvelle carrière de dévouement et d'abnégation, si de nouveaux malheurs venaient à l'exiger. »

Le Comité remercie vivement Monsieur le Préfet, de ces patriotiques paroles. Il adhère pleinement à la proposition qui lui est faite de ne pas se dissoudre, de continuer, au contraire, son œuvre philanthropique, de rester prêt pour faire face aux éventualités de l'avenir.

Le comité approuve ce qui a été fait à la demande de M. le Préfet pour renvoyer dans leurs familles les mobiles du Cher grièvement blessés et amputés qui étaient restés en subsistance à Bourges. Il promet son concours pour leur fournir. dans la mesure de ses ressources, les moyens de subsister dans leurs familles. Il promet aussi son concours pour faciliter, dans le département du Cher, le placement des billets pour la loterie des orphelins de la guerre.

ANCILLON, *Sécrétaire.*

III.

EXTRAIT de la délibération du 26 août 1871, du Comité sectionnai-
de secours aux blessés, étant en même temps la commission du
Comité départemental du Cher pour les secours aux soldats et à
leurs familles.

Le Comité sectionnaire après avoir entendu la lecture du rapport supplémentaire fait par M. Chénon, son président, sur les œuvres qui restent à
faire, adopte les solutions proposées par le rapport sur la continnation
des œuvres commencées ou de celles qui pourront se présenter pour donner
des secours aux soldats ou à leurs familles; mais seulement dans la mesure
de ses ressources.

Il nomme par acclamation *Président d'honneur* M. le vicomte de Flavigny,
préfet du Cher, et charge son Président d'informer M. le Préfet de cette
nomination en le priant de l'accepter.

ANCILLON, *Secrétaire.*

Le Président des deux Comités,

CHÉNON.

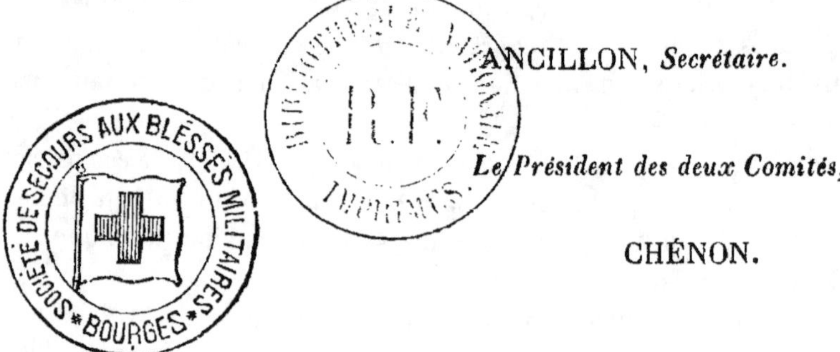